ウナギのいる川いない川
著 内山りゅう
監修 揖善継

ウナギのいる川　いない川

もくじ

砂利から顔をだす。

レプトケパルス幼生。

クロコ。

2章　ここまでわかった！　ウナギ最新研究

たくさんの生きものがいる川のなか。

3章　川にすむウナギを追う！

ウナギの岩のぼり。

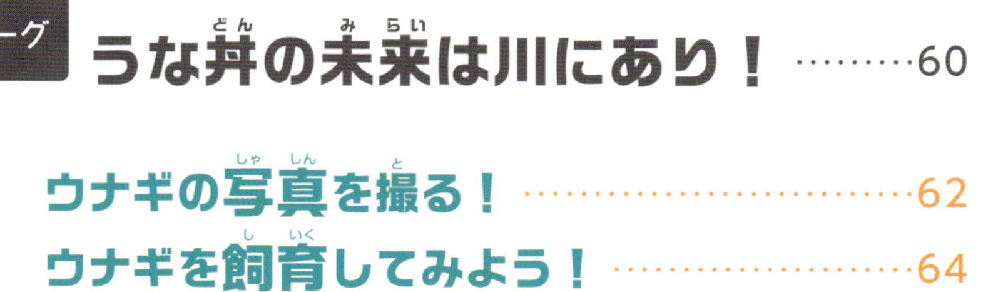

ウナギどうしのあらそい。

＼これは、うまい！／

プロローグ 天然ウナギの味

みんなは“うな丼”や“うな重”を食べたことがあるかな？　十数年前、ぼくは知りあいの“ウナギとり名人”のところでウナギをご馳走になった。ウナギが大好物のぼくは、各地でウナギを食べてきた。しかし、そのウナギはこれまで食べてきたものにくらべて、身があつく、カリカリに焼けた皮の下からはおいしい脂があふれだしている。ひと口食べるとうまみが口のなかにひろがり、ぼくは夢中で食べていた。こんなにウナギがおいしいと思ったことはなかったなあ！　そのウナギは、地元の川でとってきたばかりの大きな天然ウナギだった。

みんなが食べているウナギのほとんどは養殖のウナギだ。川などですくったウナギの子どもに餌をあたえて人が育てたもので、もちろん養殖のウナギも十分においしい。いっぽうで天然ウナギとは、川や湖など、自然のなかで成長したウナギのことだ。とれる量がとても少なく、“幻”といわれている。

ぼくたち日本人は昔からウナギを食べてきた。うな丼になるウナギは、正確には「ニホンウナギ」という種類だけれど、このニホンウナギが、なんと今絶滅の危機にある！　このままでは、ウナギを食べることができなくなるかもしれないんだ。ウナギの危機をすくうにはどうすればいいんだろう？　この本ではウナギのくらしを見ていきながら、ウナギを守る方法を考えていこう！

川底の石のすき間から、ウナギが顔をのぞかせる。

＼ウナギって、／
どんな生きもの？

ウナギはヘビなの？　魚なの？

生きているウナギを見たことはあるかな？　うな丼としてみんなが食べるウナギは、にょろにょろと細長い体をしている。にょろにょろした生きものといえばヘビが思いうかぶけれど、ヘビはカメやワニと同じ仲間の、肺で呼吸する爬虫類。いっぽうウナギはえらで呼吸する（皮膚でもできる）魚類。よく似たすがたでも、まったく別の生きものなんだ。

魚にはタイやマグロのような海にくらす海水魚や、コイやメダカのような川や湖などにくらす淡水魚がいる。では、ウナギはというと、ウナギは海と川を行き来する魚なんだ。海と川の両方で生きられるウナギは、いったいどんな一生を送るのか見てみよう。

知ってる?

ウナギの祖先は深海魚

ウナギの祖先は、今からおよそ1億年前の、恐竜たちが大活躍していた白亜紀にうまれたといわれている。最近の研究では、もともと深海にくらしていた魚が、川や湖へ進出していったものと考えられている。おそらく海よりもほかの生きものとの競争がはげしくなかったからだろうね。

ウナギに近い仲間で、深海にすむフクロウナギ。ウナギの祖先も深海でくらしていたと考えられている。
国立科学博物館　所蔵標本

長〜い旅をするウナギの一生

ウナギがうまれる場所は海？　それとも川？　正解は海。それも日本から直線距離で2500キロメートル以上はなれたグアム島近くなんだ。ウナギはもともと海で一生をくらしていた深海魚だったから、今でも海で卵をうむんだね。

卵は６月の新月（月がだんだん欠けて見えなくなった状態）のころの晩にうみだされ、30時間ほどで孵化する。孵化した子どもは、北赤道海流という

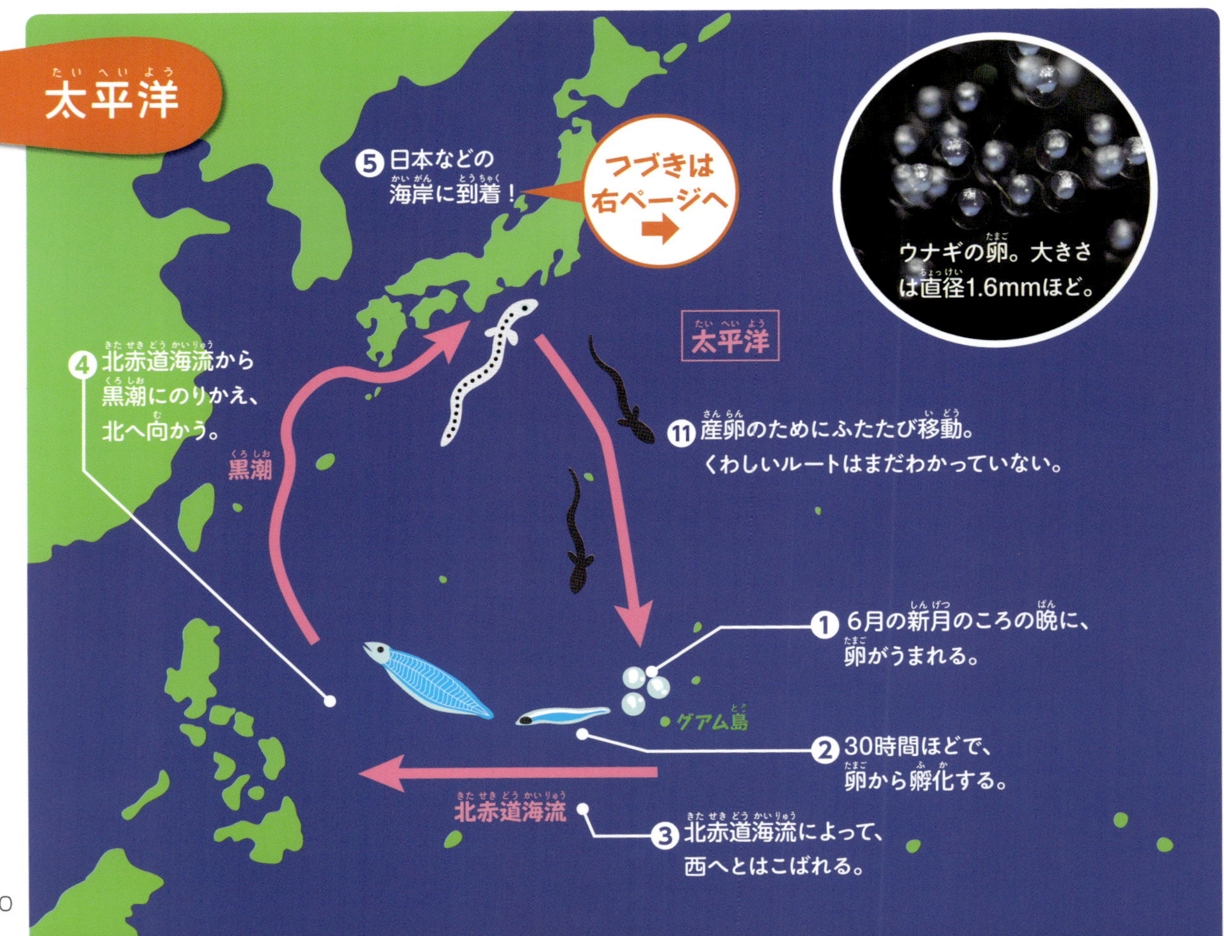

海流（海水の大きな流れ）にのって西へとはこばれ、やがて黒潮とよばれる海流にのりかえて北をめざし、日本をはじめ、中国や台湾、朝鮮半島へとやってくる。卵がうまれてから日本にやってくるまでの距離は3000キロメートルをこえるんだ。

日本の沿岸や河口に着いたウナギの子どもは、川や池、海などで大きく成長する。そこで5～15年ほどすごし、体が成熟すると産卵のため、ふたたびグアム島近海をめざして旅立っていく。そのルートはまだよくわかっていないけれど、およそ半年をかけて移動しているという。

日本にくらす魚のなかでも、かなり長い距離を旅する種類なんだ。

ウナギは変身する魚

ウナギは卵からかえり、産卵して死ぬまでの一生のなかで何度もすがたが変わるふしぎな魚なんだ。ほかの魚にもすがたが変わるものがいるけれど、ウナギほどかたちや色などが変化するものもそんなにいないだろう。ウナギはうまれてしばらくすると、木の葉のような平たいかたちになる。海流にのって移動するのに、この平たいかたちは役に立っているんだ。

その後も、成長するにしたがってすがたが変わり、みんなが知っているウナギのかたちになる。そして産卵のために海へ向かう前に、ふたたび体の色やかたちが変わる。長い距離を移動し、産卵するための体つきになると考えられているんだ。

ウナギの変身大集合！

レプトケパルス幼生

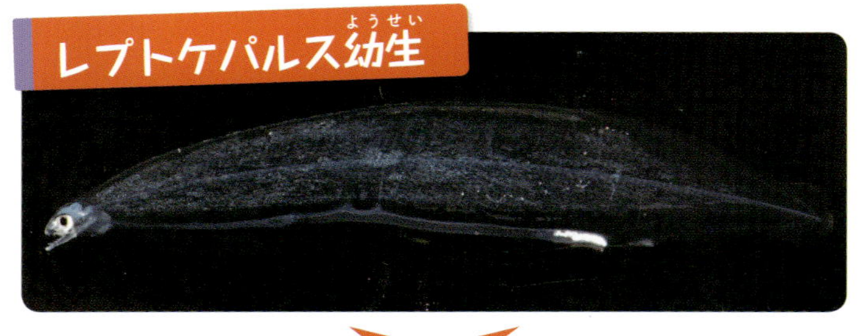

グアム島近くの海で卵からかえると、“プレレプトケパルス”とよばれる細長い幼生になる。成長がすすむと、透明で木の葉のような平たいかたちをした“レプトケパルス幼生”（葉形仔魚）となる。

シラスウナギ

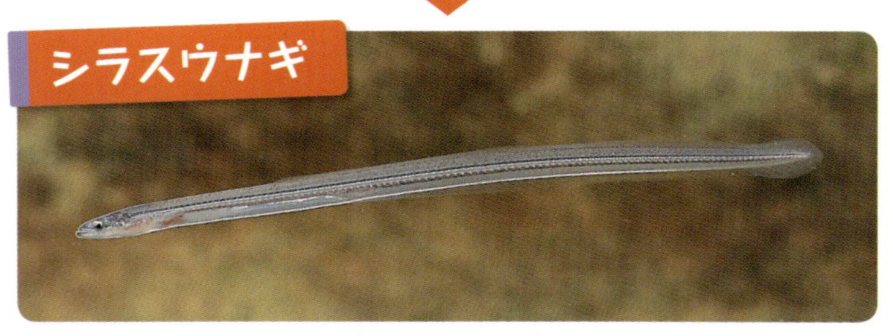

レプトケパルス幼生は海流にのって日本近海までやってくると、透明で細長い“シラスウナギ”へと変化する。レプトケパルス幼生のころよりも全体がちぢむ。

クロコ

やがて透明な体は黒くなって、ウナギらしいすがたになる。これを“クロコ”とよぶ。

黄ウナギ

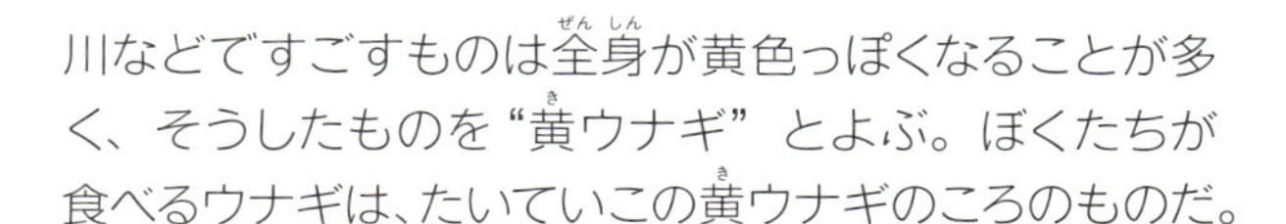

川などですごすものは全身が黄色っぽくなることが多く、そうしたものを“黄ウナギ”とよぶ。ぼくたちが食べるウナギは、たいていこの黄ウナギのころのものだ。

銀ウナギ

長い距離を移動し、卵をうみにいく準備として、海にもどる前には全身が黒っぽい銀色に輝くようになる。胸びれが黒く長くなり、目が大きくなったものは“銀ウナギ”とよばれる。写真は海に下ったメスのウナギ。オスはもっと目が大きくなる。

ウナギの体を大解剖

ウナギは細長い体をしているけれど、えらがあって、ひれがあって、ウロコがあって、やはり魚の仲間ということがわかるだろう。ここでは、そんなウナギの体を大解剖してみよう。

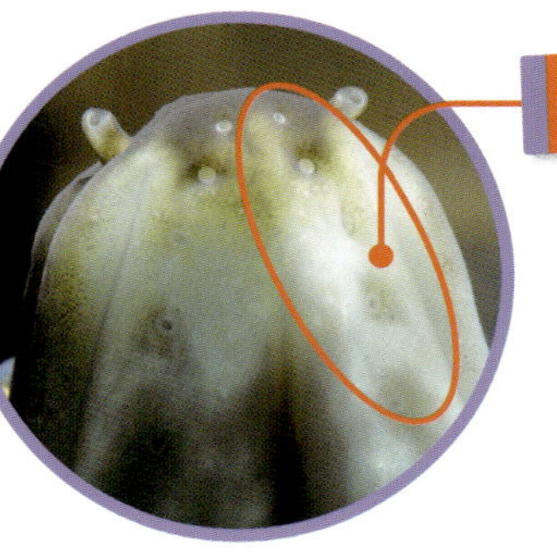

感覚孔

あごの下などにあいているあなで、水の振動などを感じとることができる。

目

視力はよくないが、光には敏感。LEDなどの白い光はきらい。成熟すると、大きくなる。

鼻

前後に2対の鼻のあながあり、前のほうは管状になっている。においにはとても敏感で、餌を食べるときは、おもににおいをたよりにしている。

口

細かい歯がたくさん生えている。大きなウナギはかむ力が強く、カニやエビなどのかたい殻もくだく。つかまえたときに、人にかみつくこともある。

耳石

体の傾きを感じるためのものだが、耳石を調べることにより年齢などもわかる。

えら

えらあなのなかにあり、水中の酸素をとりいれ、体内の二酸化炭素を排出する呼吸をおこなう器官。体内の塩分濃度の調整もおこなう。

えらあな

胸びれ

水中でのバランスをとるため、パタパタと動かす。成熟すると黒く長くなる。

肛門

ウナギはウンチもおしっこも同じあなからだす。

ウロコ

ウロコは小さく、皮膚にうまっているのでわかりづらい。“銀ウナギ”になると目立つようになる。

血液

ウナギの血液にはイクチオトキシンという毒がふくまれている。この毒はたんぱく質で、加熱すればなくなるので、食べてもだいじょうぶ。

側線

体に小さなあな（矢印）が並んでいて、水の流れや水圧、音などを感じとる器官になっている。

尾びれは、背びれ、臀びれと、ひれのまくでつながっている。

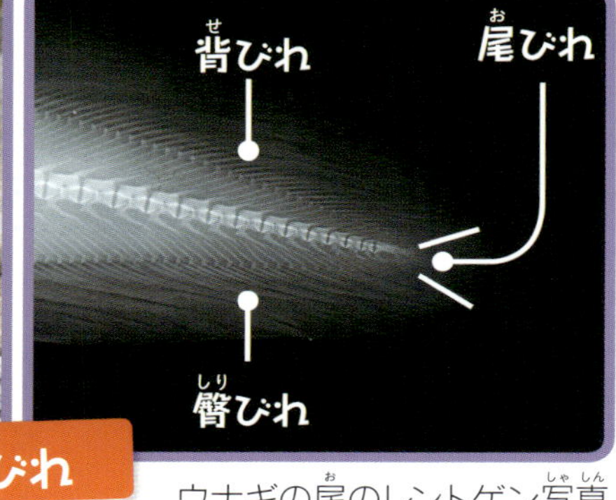

ウナギの尾のレントゲン写真。

尾びれ

粘液

ぬるぬるとするのは粘液が全身をおおっているから。皮膚呼吸を手助けし、体の表面を細菌などから守っている。

体の色

天然のウナギ（写真下）は、養殖のウナギ（写真上）にくらべると、体の黄色がこいものが多い。

集まれ！ ウナギの仲間たち

丸い筒のような体のウナギ。魚といえばタイやアジのように平たい体の魚が多いけれど、ウナギのような体つきの魚も少なくない。

ウナギの仲間（ウナギ目）は世界中にいて、いくつものグループ（科）に分けられている。現在、名前がつけられているのは、791種類。どれにも共通するのは、

1. 体は細長く、にょろにょろとしている
2. 腹びれがない
3. レプトケパルスとよばれる葉っぱのようなかたちの葉形仔魚をへて成長するということ。

ウナギ目の、代表的な種類を紹介しよう。

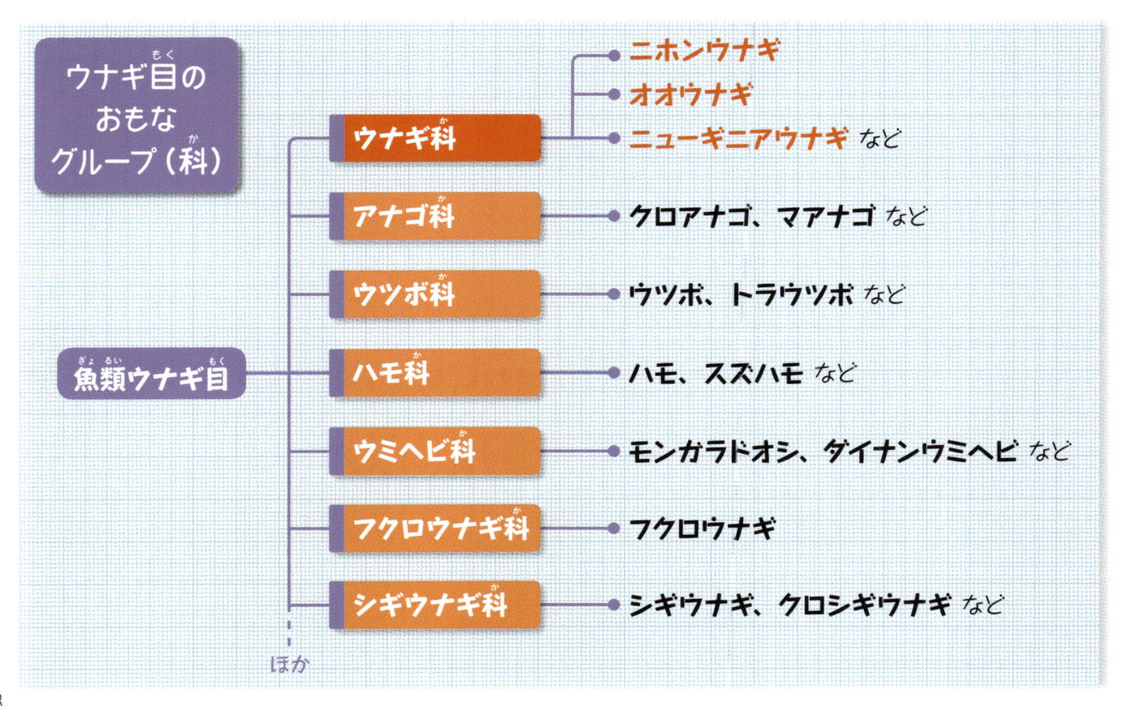

ウナギ目の魚たち

ウナギ科

日本には３種類がくらしている。この本に登場するニホンウナギのほかに、オオウナギとニューギニアウナギがいる。

ウナギ（ニホンウナギ）

全国でふつうに見られるウナギ。もっとも大きなもので1mを少しこえるほど。体にもようはなく、黄色っぽいものから青白いものまでさまざま。

オオウナギ

日本では太平洋側の比較的あたたかな地域に見られる。本州、四国、九州では数が少ないが、鹿児島県の屋久島から南の地域では数が多く、沖縄県などではウナギよりも多く見られる。大きなものでは2mをこえ、体にはまだらもようがある。

ニューギニアウナギ

1997年に屋久島で子どものウナギ（シラスウナギ）が発見されたばかりで、ほかに沖縄など数か所で見つかっている。体にもようはないが、体の上下で色がちがう。背びれが肛門のすぐ上からはじまるのも特徴。

ウナギ目の魚たち

ウナギ科以外のウナギの仲間

ウナギ科以外にも、ウナギ目にはたくさんの仲間がいる。

ハモ科ハモ

口は大きく目のうしろまでさけ、するどい歯をもつ。夏の京料理には欠かせない食材だ。大きなものでは2mをこえる。

アナゴ科クロアナゴ

クロアナゴは一般に食用とされるマアナゴよりも全体に黒っぽく、大きい。ウナギに似ているが、上あごが下あごよりもでっぱっているので区別はかんたん。

ウミヘビ科モンガラドオシ

爬虫類にもウミヘビという生きものがいるためまぎらわしいが、これはウナギ目の“ウミヘビ科”に属する魚類。モンガラドオシは尾びれがなく、体には丸い斑紋が並ぶ。

ウツボ科ウツボ

ウツボには腹びれも胸びれもない。80cmほどになる肉食魚で、大きな口とするどい歯が特徴。地域によっては食用となっている。

世界のウナギ大集合

ウナギ科の魚は、ヨーロッパ、アフリカ、アジア、オセアニア、北アメリカなどの熱帯から温帯までひろく分布している。現在は19種（亜種をふくむ）が見つかっているんだ。みんな、よく似ていて区別はむずかしい。ここでは、世界のウナギ6種を紹介しよう。

ヨーロッパウナギ

ヨーロッパにひろく分布するウナギで、昔から食用とされてきた。

アメリカウナギ

北アメリカ大陸の東側に分布する。見た目はヨーロッパウナギに似ている。

アンギラ・オーストラリス

オーストラリアやニュージーランドなどに分布。背びれがうしろのほうからはじまる。

オオウナギ

日本など、インド洋から太平洋までひろく分布。写真は台湾で撮影。1.5mもある。

アンギラ・レインハーディティ

オーストラリアやニュージーランドに分布。本来あるもようが年をとっているのかはっきりとは見えていない。

アンギラ・オブスキュラ

太平洋の熱帯地域に分布。背びれが肛門の真上よりも少し前からはじまる。

ウナギと

日本人のふか〜く長〜い関係

ぼくたち日本人の祖先はいつごろからウナギを食べていたと思う？　なんと5000年以上前の縄文時代の遺跡からウナギの骨が見つかっているんだ。場所によっては、見つかった魚の骨の多くがウナギ、というところもあり、当時の人びとにとってウナギは身近な食材だったようだよ。

ウナギ科の魚の骨が発掘された遺跡

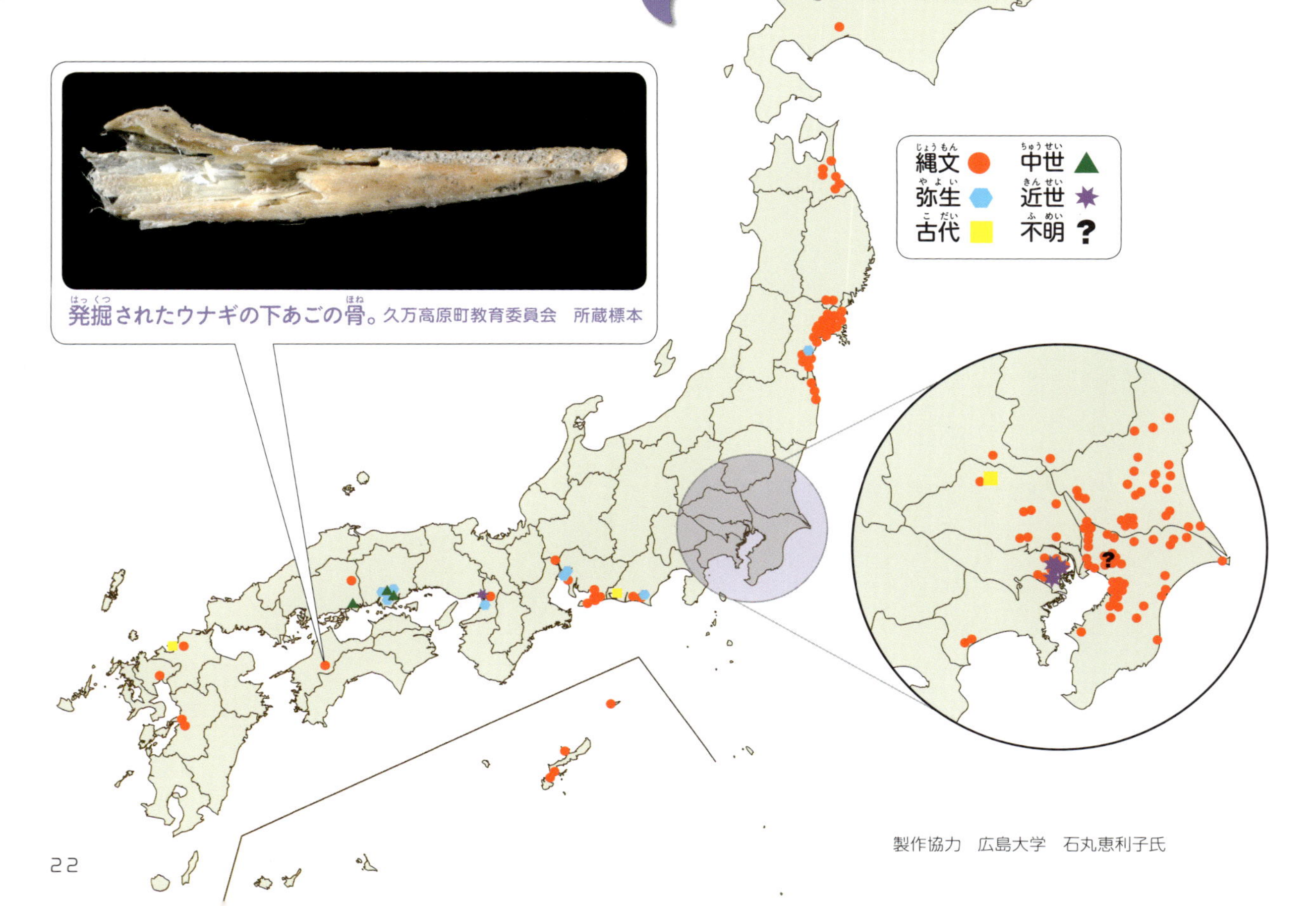

発掘されたウナギの下あごの骨。久万高原町教育委員会　所蔵標本

製作協力　広島大学　石丸恵利子氏

奈良時代の歌集『万葉集』には、暑い時期に元気のでるウナギを食べるとよい、という当時の風習がよまれている。江戸時代には、夏の「土用の丑の日」に栄養たっぷりのウナギを食べる習慣がうまれた。夏バテ防止の食べものとして、ウナギはずっと食べられてきたんだ。今もその慣習はつづいていて、毎年、土用の丑の日が近づくと新聞やニュースでもたくさんとりあげられるね。ウナギやさんやスーパーのウナギコーナーもにぎわって、夏の風物詩になっているんだ。

Image：東京都歴史文化財団イメージアーカイブ

江戸時代に描かれた浮世絵。中央左で、ウナギをかば焼きにしている。

「浄る理町繁花の図-7」
歌川広重／画
（東京都江戸東京博物館 所蔵）

ウナギをめぐる食文化

ウナギを好きなのは、日本人だけではないんだ。ヨーロッパなどでは、ウナギをそのまま輪切りにしてスープに入れたり、煮こんだりすることが多い。かつては日本でも、ウナギを輪切りにして焼いて食べていた。輪切りのウナギを串焼きにしたものが、植物の蒲に似ていたことが、「かば（蒲）焼き」の由来といわれている。江戸時代に入り、背や腹を開いて、しょうゆとみりん、酒、さとうなどで味付けされた「たれ」につけて焼く現在の「かば焼き」が登場すると、庶民のあいだにも、一気にひろまっていったんだ。

イタリアのウナギの缶詰。お酢につけてある。

ひつまぶし。愛知県名古屋市の郷土料理。きざんだウナギをご飯にのせ、薬味と食べたり、お茶づけにしたりする。

今では日本中で食べられているかば焼きだけれど、ウナギのさばき方や焼き方などの料理方法は地方によりさまざま。関東地方では、たれをつける前にいったん蒸し、関西方面では蒸さずにそのまま焼く。

ウナギは細長く、にょろにょろと動くため、さばくには熟練の技が必要だ。さばいたウナギをそのまま焼くと身がちぢんだりそったりしてしまうため、焼く前に皮と身のあいだに串を打つ（刺す）。かば焼きは昔から「串打ち３年、割き５年、焼き一生」（串打ちを身につけるのに３年、さばくのには５年かかり、焼く技術は一生かかってようやく身につくということ）といわれるほど、長い修業が必要な料理なんだ。

ウナギのかば焼きのつくり方

目打ちというキリのような道具で、頭を刺して固定する。

頭から尾へ向けて腹を開き（関西に多い。関東は背中を開くのが一般的）、内臓をとりだしたあと、中骨をとりのぞく。

焼いたとき身がそりかえらないように、串を打つ。

たれをくりかえしつけながら、焼いて、できあがり。関東地方では、たれをつける前に、蒸すことが多い。

かば焼きのたれ。

神様に仕えるウナギ

　ウナギにまつわる信仰は全国各地にのこっており、ウナギを神の使いや菩薩の化身としてまつることも多いようだ。和歌山県白浜町には、全国でもめずらしいオオウナギをもった観音像がある。この像の下を流れる富田川は、オオウナギがたくさんすんでいたので、国の天然記念物になっている。かつては巨大な主がすんでいたというふかい淵の上に安置され、オオウナギのすむ川を今も見守っている。

交通安全や厄除けの祈願のためにつくられた。

ウナギの漁のひみつ

ずっと昔からウナギを食べてきた日本人は、ウナギをとらえるためにたくさんのウナギ漁の方法をあみだしてきた。にょろにょろとつかみにくいウナギをとらえるにはどうしたらいいか、全国各地でその場所にあった漁法がうまれたんだ。効率よく漁をするために、昔の人が考えだした知恵が、ウナギとりの道具にはつまっている。ここでは、代表的なウナギ漁を紹介しよう。

ウナギウケ

ウナギがせまいところを好む習性を利用した漁で、竹筒や竹ひごで編んだ筒、木の板でつくった箱などを川底にしずめておき、ウナギがなかに入るのをまつ。アユやミミズなどの餌をなかに入れ、入り口は一度入るとでられない仕組みになっている。

置き針

糸の先の釣り針に餌（写真はカワムツ）をつけ、ねらったポイントに投げいれておく漁。夕方にしかけて、翌朝に引きあげることが多い。

穴釣り

ミミズやウグイ、アユなどの餌をつけた釣り針を、竹の棒の先端に引っかけて、ウナギのすんでいるあなに送りこんで食べさせる。ウナギが餌を十分にのみこんだら一気に引っぱりだす。

はえ縄

長い糸にたくさんの針をむすび、餌をつけてしずめておく漁。湖などでは、100m以上の糸に数十本もの針をつけることもある。ふかい場所にしかける場合は、目印に浮きをつけておく。

ウナギカギ

泥のなかにもぐっているウナギをとらえるため、するどいカギが先についた道具で泥のなかを引っかきまわす。じょうぶな鉄でできていて、なかには日本刀でつくられたものもある。

ウナギ石漁

川にあらかじめ石をたくさん積んでおき、ウナギがなかに入るのをまつ。１週間ほどしたら石をとりのぞきながら、なかにかくれているウナギをウナギばさみでとらえる。

ウナギばさみ

ぬるぬるするウナギをはさみとる道具。はさみにはするどい歯がついていて、ウナギをはさんでもすべらないようになっている。はさみのサイズはさまざまだが、あまり大きなウナギには向かない。

ウナギと名のつく魚たち

ホンウナギの仲間のウナギ目のほかにも、名前に「～ウナギ」とつく魚がいる。ウナギとはまったく縁がなく、ウナギの仲間ではないのでまちがえないように！

7つのえらあなを目に見立てて、本物の目とあわせて八つ目ウナギとよばれる。

あごがなく、口のまわりにはヒゲがある。海底の泥のなかにすんでいる。

田んぼの水路などにすみ、よくウナギとまちがわれる。

背びれの前に、名前の由来となったトゲが並んでいる。

強力な発電器をもっており、電気をおこして餌の魚を気絶させたり、敵から身を守ったりする。

体はひも状で、ロープフィッシュともよばれる。

＼ここまでわかった！／

ウナギ最新研究

発見！ 最新ウナギ研究

ウナギの研究は昔からおこなわれてきたけれど、近年になって、あらたな発見やはじめて成功したものなどがあいつぎ、世界をおどろかせているんだ。今や、ウナギ研究では日本が世界をリードしているといわれる。ここでは、そんな最新のウナギ研究について紹介していこう。

発見1 ついに見つけた！ ウナギのふるさと

ウナギは成熟すると川を下り、海で産卵しているのだろうと昔からいわれてきた。問題は、海のどこで、いつ産卵をしているか、ということ。ウナギの産卵場所については、長いあいだわからず“謎”とされてきたんだ。

それを解明するためにはひろい海のなかで、わずか1.6ミリメートルほどの卵をさがす必要があった。その作業が困難をきわめたことはいうまでもない。産卵調査がはじめられて40年、ついに2009年に東京大学と水産総合研究センターが、日本から2000キロメートル以上もはなれたグアム島西側の西マリアナ海嶺で卵の採集に成功したんだ。世界初の大発見だった。

この発見により、産卵の時期や場所がわかり、ウナギ研究は大きく前進した。ウナギを人の手でふやしたり、生態を解明したりするためにも産卵についての情報はぜったいに必要だったから、この発見は日本のウナギ研究において大きな一歩となったんだ。

1991年に採集された、ウナギのレプトケパルス幼生。 撮影：望岡典隆・木村晴朗

発見② 完全養殖ができる？

養殖とは、魚などを人の手で繁殖させたり育てたりすることをいう。みんなが食べているサーモンやハマチ、タイなどは、そうした養殖で育てられたものが多い。人の手で育てられた魚を成熟させて卵をうませ、その子を育てあげてふたたび卵をうませる……その過程のすべてを人が手助けをしながらおこなうことを完全養殖とよぶんだ。飼育下でくりかえし繁殖をおこなうことは大変むずかしく、成功している魚はまだ少ない。とくにウナギのような生態がよくわかっていない魚の完全養殖は、長いあいだ不可能といわれてきた。

数十年ものあいだ研究がおこなわれてきたが失敗つづき……。ところが、2010年、ついに水産総合研究センターで世界初のウナギの完全養殖に成功したんだ！　ただし、みんなが食べられるくらい大量の完全養殖ウナギを生産するには、まだしばらく時間がかかりそうなんだ。

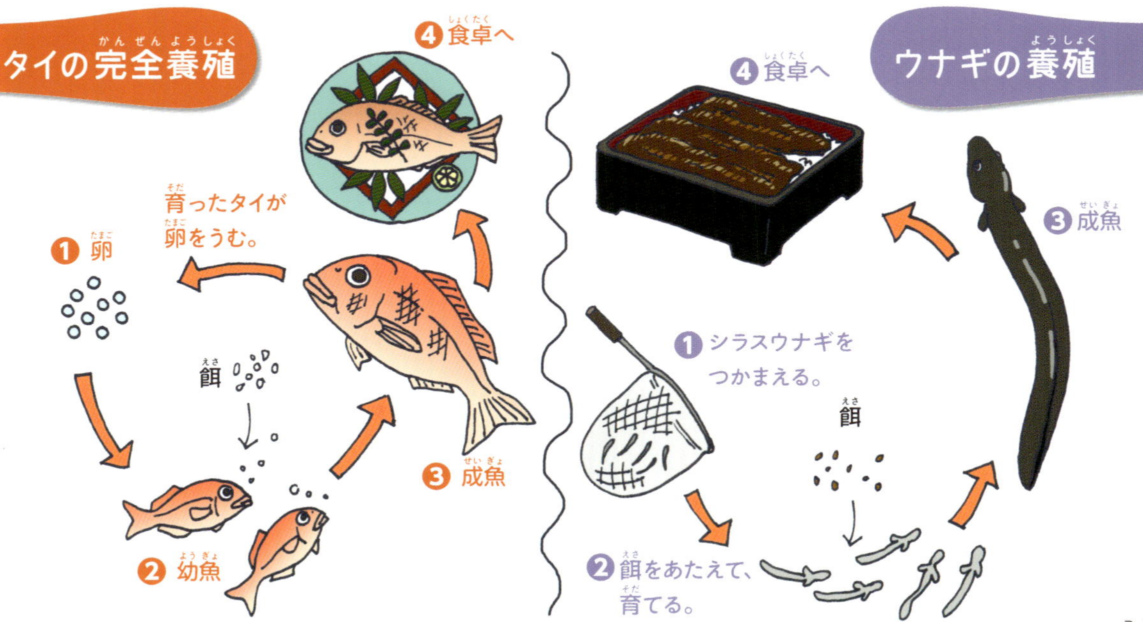

発見③

くらす環境でオス・メスが決まる!?

ぼくたちヒトや、みんなが飼っているイヌ、ニワトリなどの性は、うまれてくる前に決まっているよね。オスなのかメスなのかという性の決定は遺伝子によるもので、メスのもつ卵子とオスのもつ精子があわさったときに決まるんだ。ところが、魚の性は遺伝子で決まるだけではなく、何らかの要因によって、あとから変化することが少なくない。その仕組みはふくざつで、まだよくわかっていないことも多いんだ。

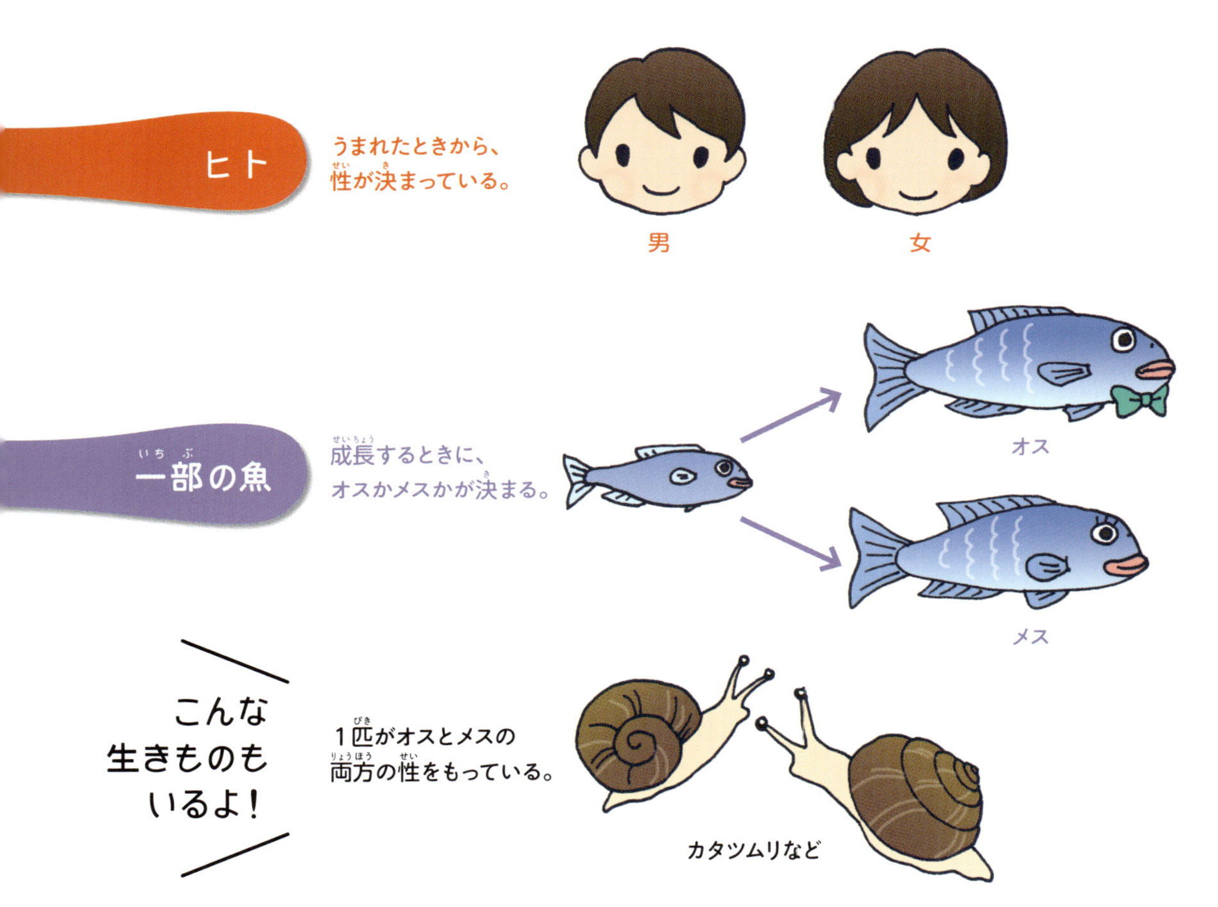

　ウナギの性にかんする、おどろくべきデータがある。なんと、みんなが食べている養殖ウナギの性を調べると、オスがほとんどで、メスはまず見つからない。川などの自然状態ではメスがたくさん見つかるのに、養殖をするとオスになってしまうのだ。養殖ウナギの性は、つかまえたシラスウナギが成長して20センチメートルくらいになるころに決まることがわかってきた。自然のなかでは、砂などに集まってもぐっていたシラスウナギが、１匹１匹別べつにくらしはじめる時期にあたる。いっぽう、養殖ではとても多くの子どものウナギが１か所に集められ、育てられる。こうした育つ環境のちがいが、ウナギの性のかたよりをうみだしているのかもしれない。

ウナギの養殖場では、たくさんのウナギが育てられている。

写真提供：愛知県水産試験場

発見④

川がきらいなウナギがいる!?

ウナギが海でうまれることは話したよね。透明なシラスウナギが沿岸にやってきたあとは、どこにいくのだろうか。川に上り、そのまま川でずっと生活するもの、川と海とを行き来しながら生活するもの、川では生活せず、河口や海でくらすものがいることが最近わかってきたんだ。

ぼくは、ある川の河口にもぐり海のウナギを観察した。河口といっても水深は4～5メートルもあり、ホンダワラなどの海藻が生える海水域だ。ウナギの活動する夜にもぐったが、川で目撃するよりも多くの大型ウナギを観察することができた。

海にくらすウナギ。ホンダワラのしげみから、顔をのぞかせる。

ウナギがどこで生活していたかを知るには、頭のなかにある“耳石”という炭酸カルシウムのかたまりにふくまれる物質を調べる方法がある。耳石は体の平衡感覚をたもつ働きをするもので、成長するにつれて大きくなるため、木の年輪のようにそのウナギがうまれてどのくらいたつのか、どういう環境で育ったのかを知る手がかりになるのだ。海水にはストロンチウムという物質が多くふくまれているが、川の水にはあまりふくまれていない。この物質は耳石が成長するときにとりこまれるため、耳石にふくまれるストロンチウムの濃度を調べることにより、そのウナギがこれまで海で成長したのか、川で成長したのかがわかる、というわけ。

このように海にくらすウナギの研究がすすめば、ウナギの保護にもきっと役立つだろう。

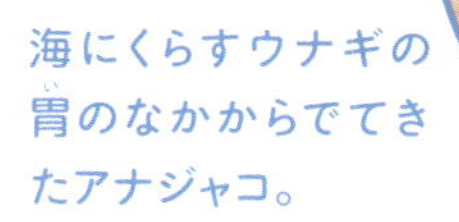

海にくらすウナギの胃のなかからでてきたアナジャコ。

上が、海に多くすむ顔がとがっているタイプのウナギ。下が、川に多くすむ顔のはばがひろいタイプのウナギ。すむ環境や食べる餌などによって顔のかたちが変わるといわれるが、はっきりしたことはわかっていない。

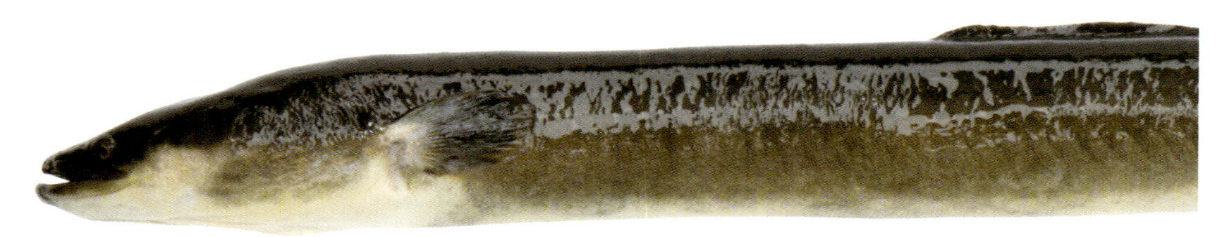

ウナギ研究者の仕事

ニホンウナギの研究では、たくさんの人がいろんな謎をとこうとしている。船にのって数千キロメートルもはなれた太平洋で卵や赤ちゃんをさがしたり、施設のなかでウナギを飼い、卵をうませて育てたり……。この本の監修者でもある揖さんは、和歌山県立自然博物館で働く学芸員さん。研究内容は、海から川にやってくるウナギが、川のどこでどのようなくらしをしているのか、ウナギの生態を解明すること。

ウナギはどんなところにいて、どんな餌を食べているのか。同じ場所にじっとしているのか、動きまわっているのか。それは小さいときと大きいときではちがうのだろうか。そして何歳くらいでどれくらい大きくなるのか。ウナギのくらしは謎がいっぱい！　ひとつのことがわかると、もっとわからないことがでてくるから、おもしろい！　同じ川に通っているとだんだん川とウナギのことがわかってくるそうだ。

川の上流での調査。多くの荷物をもって、川を歩いて上る。ウナギがとれたら大きさや体重などを測定する。コツコツと集めたデータをもとに、ウナギのくらしぶりを解明していく。

ウナギをとらえるための手づくりの装置（電気ショッカー）で、ウナギをしびれさせてすくいとる。生きものへのダメージはほとんどなく、しびれるだけでそのあとはすぐに復活する。

川にすむ ウナギを追う！

ウナギは

一生の多くを川や河口でくらす

海からやってきたシラスウナギが、どこでどういう生活をして大きくなっていくか、ということは、じつは、よくわかっていないんだ。ウナギ漁でとらえられるウナギは大きなものが多いので、小さなウナギのくらしについて調べる人が少なかったのだろう。

ぼくは地元・和歌山県の川で10年あまり川にもぐってウナギを観察してきた。ここでは、川のウナギの成長を追いながら、ぼくの観察してきた話をしよう。

ウナギは体のサイズによってすみかがちがう

クロコ〜20cm

ユスリカの幼虫を食べるクロコ。

シラスウナギが成長すると体が黒っぽくなり、クロコとよばれる小さなウナギになる。クロコは潮の影響をうける下流域などでは、細かな砂地に集まっていることが多い。そうした場所では、水がひたひたの、水深が1cmにも満たないようなところでたくさん見つかった。しかし、集まっているのはクロコになってまもないころまで。その後は産卵のときまで別べつにくらし群れることはない。

海に近い川で撮影した写真。クロコが4匹、シラスウナギが1匹うつっているけれど、わかるかな？

餌になる生きものたち

イトミミズ。

ユスリカの幼虫。

モクズガニの子ども。

20〜40cm

クロコが成長し体長が20〜40cmになると、小さな石と砂がまじった川底で見つかることが多い。昼間は礫（直径が2mm以上の小石）のあいだから顔をだしているすがたが観察できる。どうやら、川底の礫にもぐって生活をしているようだ。このサイズのウナギはさかんに上流へと移動するらしく、夜間に堰堤（コンクリートの段差）や滝をのりこえて川をさかのぼるすがたを見かける。水生昆虫や小型の甲殻類（エビやカニ）、ハゼ類などを食べてどんどん成長する。

川底の石のあいだから、顔をのぞかせる。

餌になる生きものたち

カワゲラの一種。

フトミミズ。

ボウズハゼの子ども。

40cm以上

40cmをこえるくらいになると川底の礫のなかよりも、大きな岩や石のすき間などに入っていることが多い。気に入った場所を見つけると、そこでくらすようだ。前に“ウナギとり名人”に教わったのは、ウナギをとった石のすき間やあなをおぼえておくと、後日かならず別のウナギが見つかるのだという。ウナギをとるコツは、川のなかで、そうしたあなの場所をたくさん知っていることなんだとか。昼間は石のあいだなどから顔をだしてじっとしているけれど、夜になると積極的に餌をさがして動きまわる。ウナギはとってもたくさんの餌を食べる魚なんだ。

岩のすき間から顔をだす。

餌になる生きものたち

ヒラテテナガエビ。

アユ。

岩のすき間から飛びだし、一瞬でウグイをとらえた。

昔の川はウナギだらけ？

右の絵は江戸時代にかかれたもので、水路で子どもがウナギをつかまえている絵だ。昔はコンクリートがないから、水路の岸に石をつんで護岸をしていた。また、今は川や湖でウナギをとっていることが多いが、昔はこの絵のような田んぼわきの水路や小川などでもたくさんとれていたようだ。当時の人びとにとって、ウナギは今より身近な存在だったことがわかるね。

今でもこの絵のような環境がのこる水路や川では、ウナギがたくさん見られる。

「堅真音社　音浦樋」（『紀伊国名所図会　四之巻下』より）文化9（1812）年

地元のおじいさんにウナギの話を聞いたことがある。昔は海から上ってきたシラスウナギをザルですくい、お吸いものなどに入れて食べていたという。なんともぜいたくな話だ。そのころは川でウナギをとるのはもっぱら子どもで、とったウナギはお父さんにさばいてもらい、おやつとして食べていたという。「ウナギなんて、だれも商売でとる人はいなかったなあ。うじゃうじゃいたからな」。昔の川は、どこもウナギだらけだったようだね。

生きもののたくさんいる、ゆたかな川のなか。江戸時代の川もこんなふうに、たくさんの生きものたちがくらしていたと考えられる。

ウナギが歩く!?

雨のあと、道路をはっているウナギをひろった、などという話を耳にすることがある。かつてはウナギをひろうことはめずらしくはなかったと、地元のおじいさんが話してくれた。“およぐ”というよりも“歩く”のだという！

ウナギは皮膚を通して酸素をとりこむこと（皮膚呼吸）ができるので、湿ってさえいれば、水からでて垂直の岩などもこえて移動する。川とつながっていない山奥の池などにウナギがすんでいることがあるのも、おそらく地面を上って入りこんだものだろう。

ぼくは、今までに陸上を移動するウナギを何度も観察してきた。写真は、そのようすをとらえたものだ。体を曲げながら引っかけ、少しずつ上っていく。ときには、100匹をこえるウナギがいっせいに上っているのを見たこともある。昔の人は、こうしたウナギのすがたを見て、「うなぎのぼり（ものごとが急激に上昇すること）」という言葉をつかうようになったのだろう。

ウナギが大変な思いをしてまでも上流をめざすのは、よりすみやすい場所をひとりじめできる可能性があるからだ。川にすむウナギは上流にいくほど大型で、数は少ない傾向があるという。それにしても、その移動能力の高さにはおどろくばかりだ。

ウナギが絶滅危惧種に!?

ウナギが大好きな日本人は、たくさんのウナギを食べてきた。しかし、ウナギの漁獲量は大人のウナギ、シラスウナギともに年ねん減少し、このままではいなくなってしまうのでは、というレベルにまでたっしてしまった。国（環境省）は、絶滅のおそれのある生きものを「レッドリスト」というリストにして公表しているが、そこに2013年、ついにウナギ（ニホンウナギ）が絶滅危惧種として掲載されたんだ。

夜、えものをねらいに、
岩のすき間からでてくる。

また、2014年には世界の科学者らで組織する国際自然保護連合（IUCN）のレッドリスト（絶滅のおそれのある生物のリスト）にも、ニホンウナギは絶滅危惧種として指定されてしまった。世界全体で見ても、このままの状態がつづけば、ニホンウナギはいなくなってしまうと判断されたんだ。

シラスウナギの漁獲量

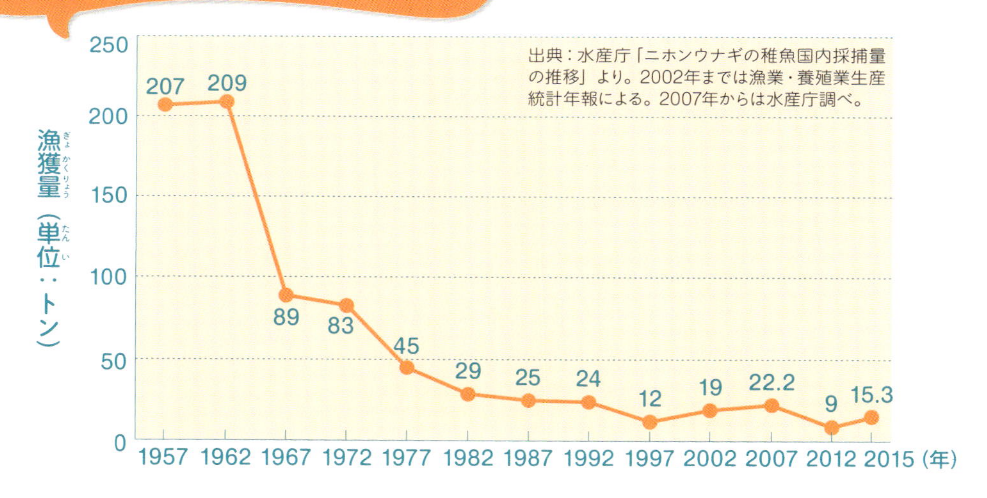

網のなかに透明なシラスウナギが入っている。

シラスウナギ漁のようす。光に集まるシラスウナギを網でとらえる。

ウナギのすむ川がへっている

では、ウナギがへってしまった原因はいったい何なのだろう？　それは、ぼくたち人間がたくさんのウナギをとりすぎたことが大きな原因のひとつだ。ウナギがふえるよりも速いスピードでとってしまったので、急激に減少したんだ。そうした“乱獲”が大きな原因としてあるけれど、ぼくが観察をつづけていて強く感じたことは、じつはちがうところにあるんだ。それは、ウナギが育つための川の環境が失われてきていること。

洪水をふせいだり、農業につかう水を確保したりするためのダムや堰は、川を上るウナギの障害になる。

左の写真は、ある川を上から見たもの。これを見て何か気づくことはあるかな？　向かって右側の岸は石をつんだ岸で、左側の岸はコンクリート護岸だ。石でできている岸のほうは、石のあいだにたくさんのすき間があり、生きものたちのかくれる場所があるため、多くの生きもののすがたが見られる。いっぽうコンクリートのほうはすき間がまったくないので、かくれる場所がなく、生きもののすがたが見られない。同じ川であるのに、左右の岸ではまったくちがう環境だね。川にくらす生きものたちにとって、岸がどのような状態であるかということは、とても大事なことなんだ。

みんなの近所にある川を見てほしい。川岸はどんなようすだろうか。

この写真は、ウナギどうしのあらそいのようすをとらえたもの。川で成長したウナギは群れをつくらず、1匹ずつでくらしている。岩のすき間や水中の木の根のあいだなどに入りこみ、そこをすみかにするため、しばしばその場所をめぐってあらそいがおこる。２匹のウナギがであうと、はじめは大きな口をあけて相手をいかくする。そして決着がつかないと、最後はかみつく。ウナギはおとなしそうに見えるけれど、なわばり意識が強く、意外と気の強い魚なんだ。ウナギにとって岩のすき間などはとても大切な自分だけの場所。いいかえると、かくれるすき間がない川では、ウナギはくらしていけないんだ。

河口に近い海で、ホンダワラにかくれるウナギ。

川のウナギ。すみかのあなから、顔をのぞかせ、においをかぐ。

ウナギのいる川 いない川

ウナギがたくさん生息している川の写真を見てほしい。これらの場所は、ぼくが実際に多くのウナギを確認している川だ。48ページの写真の右側の岸のように、川岸がコンクリートではなく、自然に近い状態であることがわかるよね。また、人の手がくわわっていたとしても、石などをつんでできている岸が多い。石のすき間など、かくれる場所がたくさんあれば、ウナギの餌となる小魚やエビ、カニなどの生きものたちも多いんだ。

ウナギのいる川

石がつまれている川岸を水中からとった写真。水のなかを見ると、すき間があって、生きものもすみやすい。

石をつんだ岸や自然状態の岸がのこっている川。

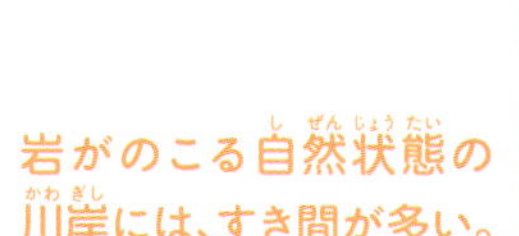

岩がのこる自然状態の川岸には、すき間が多い。

川にいるウナギは、体も大きく、空からやってくる鳥などのほかには、天敵(てんてき)がほとんどいない生きものだ。天敵(てんてき)に食べられることなく、ほかの生きものを食べてくらしているため、川に生きものたちが少なくなると、ウナギは生きてはいけない。

たくさんのカワムツがおよぐ川のなか。ウナギが生きていくには、たくさんの餌(えさ)となる生きものが必要(ひつよう)だ。

また、川は本来、流れが速くあさい「瀬」と、流れがゆるやかでふかい「淵」とが交互にあり、ふくざつな流れをつくっている。人の手でまっすぐに流れるように改修された川は、洪水などから人のくらしを守るのに、役に立っている。そのいっぽうで、そういう川は水の流れが単調で、ウナギにとっても、ほかの生きものたちにとっても、すみづらいんだ。

生きものたちには、それぞれにくらしやすい環境がある。流れがふくざつな川には、川のなかにさまざまな環境があって、生きものたちは自分たちがくらしやすい場所を見つけて生きている。しかし、流れが単調な川だと、そういうわけにはいかないよね。大雨で水の量がふえたりしたときも、かくれる場所のないコンクリートの護岸では、一気に流されてしまうんだ。

写真奥の緑色のところが、ふかくて流れのゆるやかな淵。手前の白い波が立っているところが、あさくて、流れの速い瀬。いろいろな環境がひとつの川のなかにある。

ウナギのいない川

右、左、底とコンクリートで整備された三面護岸の川。少し前までは、自然状態でのこされた川で、生きものもたくさんいたが、工事後は生きもののすがたが、なくなった。

この川も、三面がコンクリートで固められている。ウナギやほかの生きものたちにとって、とてもすみづらい川だ。

川というより、水路のような川。流れが単調になってしまっては、生きものもすみづらい。

水の循環がとても大事！

ウナギがたくさんいる川の特徴は、川のなかの環境だけにあるのではない。“水の循環”がうまくいっていることも、とても大切なんだ。

山やまに降った雨が地面にしみこみ、小さな流れがうまれる。小さな流れが集まって川となり、やがて川は海へとそそぐ。海からは太陽の熱で水蒸気が発生し、雲となって山やまに雨を降らす……。こうした水の動きを“水の循環”とよぶ。海へとそそぐ川の水には、森からの栄養がたくさんとけこんでいて、それが海の生きものにとっても、とても大事なんだ。山に木を植えている海の漁師さんがいるけれど、それにはそういう意味があったんだ。

源流にゆたかな森があり、“水の循環”が健全におこなわれている川や河口には、おどろくほど多くのウナギがすんでいる。源流の森を守っていくことは、結果として川の生きものたちや海の生きものたちを守っていくことにつながるんだ。

ウナギのすむ川の上流。ゆたかな森があり、下流へと栄養分を送っている。

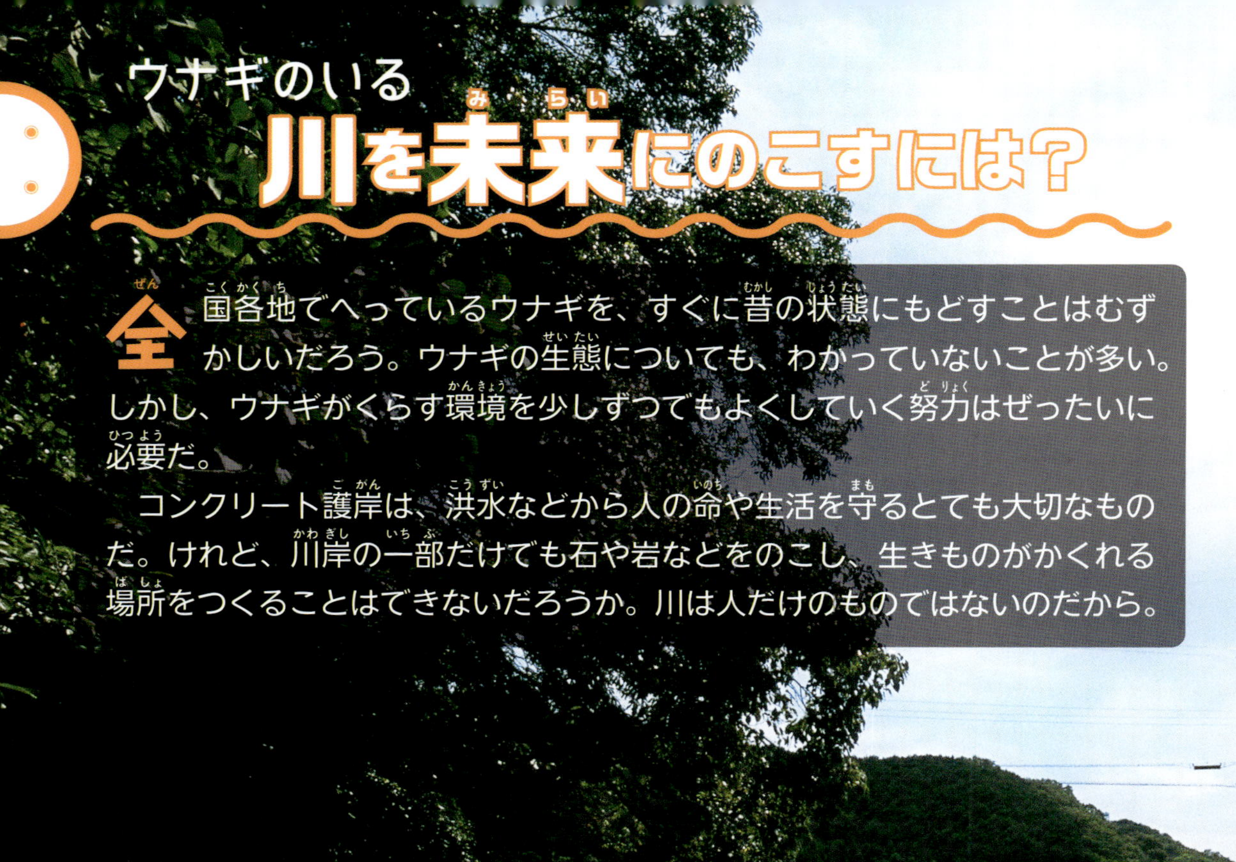

ウナギのいる

川を未来にのこすには？

全国各地でへっているウナギを、すぐに昔の状態にもどすことはむずかしいだろう。ウナギの生態についても、わかっていないことが多い。しかし、ウナギがくらす環境を少しずつでもよくしていく努力はぜったいに必要だ。

コンクリート護岸は、洪水などから人の命や生活を守るとても大切なものだ。けれど、川岸の一部だけでも石や岩などをのこし、生きものがかくれる場所をつくることはできないだろうか。川は人だけのものではないのだから。

また、山を切りひらくと川にたくさんの土砂が流れこむ。土砂が川に流れこむと、石のあいだなどを埋めてしまうので、生きものたちのかくれるすき間をうばってしまう。かつてはあちこちの川にあったふかくて大きな淵も、土砂で埋まり、あさくなっている。川にとってもっとも大切な源流の森の木を切ってしまうことは、水の循環がうまくいかなくなることにつながり、川の水はへって、水質も悪化する。山を自然林（その地域にもともと生えていた木の林）にもどしていく努力が必要だ。

ウナギを守るということは、その餌となる小魚や水にくらすさまざまな生きものたちも守るということ。それは日本の川を、小川を、河口を、かつてのようなすがたに近づけていくことだと思う。たくさんの生きものがくらせる川にもどす努力をつづけること、その意識をもちつづけることが大事だと、ぼくは思っている。

エピローグ

うな丼の未来は川にあり！

ぼくは、“ウナギとり名人”にくっついて川に通いながら、ウナギのいる場所にもぐり観察をつづけてきた。ときには夜間に川や河口にもぐってウナギをさがした。各地の川を見てまわるうちに、ウナギがいる川といない川とでは、はっきりとしたちがいがあることに気がついた。そのことを伝えたくて、ぼくはこの本を書くことにしたんだ。

たくさんの生きものたちがくらす川であそぶ、子どもたち。

最近、よく耳にするようになった「世界的なウナギの不漁で、ウナギが食べられなくなるかも……」というニュース。日本でもウナギの不漁はここ数年、とくに深刻になってきている。天然ウナギも養殖ウナギも、どちらも自然のなかにいるウナギをとらえてくることにちがいはない。数年前に、ようやく人の手で卵からウナギをふやす“完全養殖”に成功したけれど、大量につくれるようになるまでにはまだしばらくかかりそうだ。自然状態のウナギをふやすことが、世界的にも求められているのが現状なんだ。

最後にもう一度いっておきたいと思う。ウナギを守るということは、小魚やさまざまな水にくらす生きものたちを守るということ。日本の川を、たくさんの生きものがくらせる環境にもどし、それを守ることが将来もおいしいうな丼を食べることができるカギなのだ。

うな丼の未来は、日本の川にかかっているのだ！

ウナギの写真を撮る！

ウナギは夜行性のため、撮影は夜間、川にもぐっておこなうことが多い。ウナギの多い川はひとけのない場所が多く、夜はなおさらだれもいないので、シーンとしずまりかえっている。まっくらな川にひとりででかけるのだから、心細くないといったらうそになるだろう。ふかい淵を目の前にして、深呼吸。「たくさんのウナギに会えますように」。願いをこめて川のなかに入っていく。水に流されないように、胸、腰、足首の３か所に重りをつけるのだが、それが合計で20キログラム。水中で長い時間をすごすため、空気ボンベを背負うが、それが15キログラム。水中カメラとあわせると、合計では40キログラムをこえるのだ！

室内の撮影スペース。自然のなかでは撮るのがむずかしい写真を、水槽をつかって撮影する。生きものたちの観察もしている。

　車で川の近くまでいければいいけれど、えんえんと歩いていかなければならないこともあるので、体力勝負だ。いざ川にもぐっても、なぜか１匹のウナギも見つけられないこともある。そんなときは、１カットも撮れずに家に帰るんだ。けれど、水中でであえたときは本当にうれしい。何度見ても、ウナギはスラリとうつくしい魚だと思うんだよね。

夜の川にもぐっての撮影。ウナギに気づかれにくい、わずかな赤いライトをたよりに、撮影する。　撮影：平井厚志

付録 ウナギを飼育してみよう！

ウナギをよく観察するには、飼育をするのもおすすめだ。ウナギは臆病で物音などに敏感な魚だが、その反面、人によくなれる。手から直接餌を食べるようになるし、水槽に近づくだけで水面までおよいでくるようになる。水槽で毎日観察することによって、ウナギのいろいろなことがわかるはずだ。

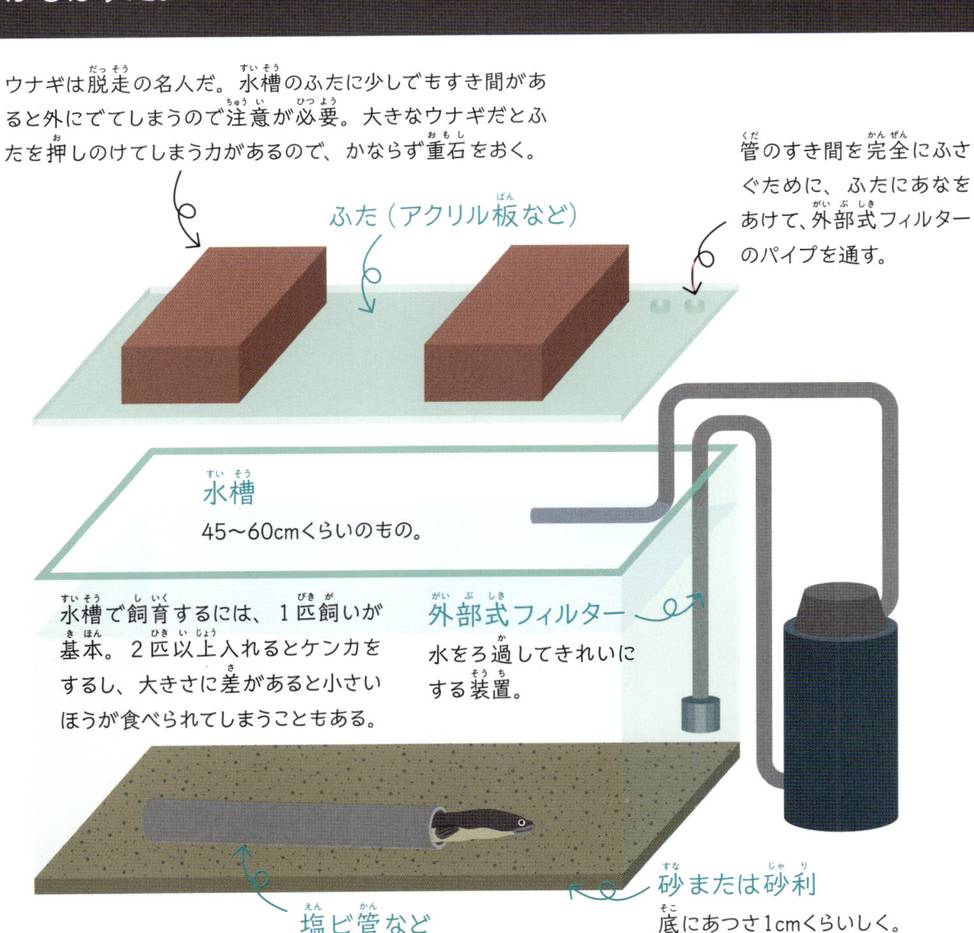

餌は魚の切り身（刺身ののこりでもいい）、エビのむき身などをあたえる。ならしていけば、人工飼料なども食べるようになる。切り身などは一度に食べきれる量をあたえ、食べのこしはとりのぞこう。

ウナギはかくれる場所があると安心する。塩ビ管などの管状のかくれ家を入れてやろう。砂や砂利はふかいとウナギがもぐってしまう。あさくしいておこう。

注意しよう!

ウナギは、多くの川で漁業権が設定されている魚だ。つまり、大きさや時期によっては勝手にとってはいけない場合もあるので、注意しよう。その川を管理する都道府県に問いあわせよう。

Q 餌やりはどのくらいの頻度でするの？

A 2〜3日に1回くらい。冬場に水温が下がって、動きがにぶくなったら、1週間に1回くらいでもよい。

Q 水温はどのくらいがいいの？

A とくに水をあたためなくてもよい。ヒーターを入れなくても、だいじょうぶ。

Q 水かえはしなくていいの？

A 2〜3週間に1回、水槽の半分の水を入れかえよう。

Q 水槽はどんなところにおくのがいいの？

A 太陽の日が直接あたらない、明るい場所におこう。

著 **内山 りゅう**（うちやま・りゅう）
1962年、東京都生まれ。和歌山県白浜町在住。ネイチャー・フォトグラファー。東海大学海洋学部水産学科卒業。"水"にかかわる生きものと、その環境の撮影をライフワークにしている。著書に『ヘビのひみつ』『たんぼのカエルのだいへんしん』『タガメのいるたんぼ』『ぜんぶわかる！ メダカ』『ぜんぶわかる！ イネ』（以上ポプラ社）、『水のコレクション』『田んぼのコレクション』（以上フレーベル館）、『田んぼの生き物図鑑　増補改訂新版』『日本の淡水魚』（以上山と渓谷社）など多数。

監修 **揖 善継**（かじ・よしつぐ）
1979年、鳥取県鳥取市生まれ。和歌山県立自然博物館学芸員。九州大学大学院生物資源環境科学府動物資源科学専攻博士後期課程単位取得中退。専門は魚類生態学。和歌山県内の魚類相解明と、天然記念物「富田川のオオウナギ生息地」の保全、ニホンウナギの生態の研究などに力を入れている。

イラスト：鈴木ズコ、須貝暁子
装丁・デザイン：稲垣結子（ヒロ工房）
協力（五十音順）：
愛知県水産試験場、石丸恵利子、上村卓士、魚津水族館、（株）ラング、亀井哲夫（雑魚寝館）、喜久寿司（紀北町）、紀北町、キャンプイン海山、久万高原町教育委員会、国立科学博物館、国立研究開発法人水産総合研究センター、後藤靖裕、佐藤透、篠原現人、すさみ町立エビとカニの水族館、田上至、田中秀樹、仁坂吉伸、東生広、平井厚志、ブルーフ、望岡典隆、森と水の源流館、和歌山県立自然博物館

ポプラサイエンスランド⑤
ウナギのいる川　いない川

発行　2016年4月　第1刷
　　　2024年11月　第5刷

著　　内山りゅう
監修　揖 善継

発行者　加藤裕樹
編集　堀 創志郎

発行所　株式会社ポプラ社
〒141-8210　東京都品川区西五反田3-5-8
JR目黒MARCビル12階
www.poplar.co.jp（ホームページ）

印刷　株式会社精興社
製本　株式会社難波製本

ISBN978-4-591-14923-2 N.D.C.487　65p　22cm　Printed in Japan